# BEI GRIN MACHT SICH IHR WISSEN BEZAHLT

- Wir veröffentlichen Ihre Hausarbeit,
  Bachelor- und Masterarbeit

- Ihr eigenes eBook und Buch -
  weltweit in allen wichtigen Shops

- Verdienen Sie an jedem Verkauf

Jetzt bei www.GRIN.com hochladen
und kostenlos publizieren

**Bibliografische Information der Deutschen Nationalbibliothek:**

Die Deutsche Bibliothek verzeichnet diese Publikation in der Deutschen National-
bibliografie; detaillierte bibliografische Daten sind im Internet über http://dnb.d-
nb.de/ abrufbar.



**Impressum:**

Copyright © 2016 GRIN Verlag, Open Publishing GmbH
Druck und Bindung: Books on Demand GmbH, Norderstedt Germany
ISBN: 978-3-668-17560-0

Mike G.


# Die moderne Kunststoffchemie (inkl. Ionenaustauscher). Synthese, Eigenschaften und Reaktionsmechanismen

## Eine Zusammenfassung mit Übungsaufgaben und Lösungsansätzen

GRIN Verlag

# Kunststoffe

**Vorwort**

Die Kunststoffe sind ein weitreichendes Feld in der modernen Chemie, worin sehr viele und kostenintensive Forschungen getätigt werden. Im Rahmen eines (zu kurz gekommenen) Unterrichtmoduls betrachtete der Chemie-Leistungskurs eines Gymnasiums die verschiedenen Kunststoffarten, deren Herstellungsreaktionen sowie weite Anwendungsbereiche in der modernen Technik oder Medizin. Diese Arbeit entstand mithilfe von Material des Chemielehrers, von Professor Blumes Medienangebot und einigen Internetrecherchen. Sie umfasst einen (ausführlichen) Vorbereitungstext für eine schriftliche Überprüfung, Kursarbeit und sogar für das Abitur und enthält einen kleinen, aber nicht unrelevanten, Exkurs bezüglich der Bakelitdarstellung. Angefügt findet sich das biologielastige Thema der Ionenaustauscher, welche detailliert erklärt werden und anhand einer Beispielaufgabe das gelernte Wissen vertiefen lässt. Am Ende finden sich noch einige Übungsaufgaben bezüglich dieser Thematik.

**Inhaltsangabe bzw. Überblick**


- 1. Hintergrundinformationen über die Kunststoffe im Allgemeinen.
  - 1.1 Eigenschaften & Klassifizierung von Kunststoffen.
  - 1.2 Wichtige Kunststoffe und Synthesewege.
  - 1.3 Gesundheitliche Aspekte.
- 2. Polyreaktionen.
  - 2.1 Polymerisation s.str.
    - 2.1.1 Copolymerisation.
  - 2.2. Polyaddition.
  - 2.3 Polykondensation.
    - 2.3.1 Polyester.
      - 2.3.1.1 Polyesterharze.
    - 2.3.2 Polycarbonate.
    - 2.3.3 Polyamide.
    - 2.3.4 Aminoplasten.
    - 2.3.5 Phenoplasten / Bakelite.
      - 2.3.5.1 Formhaldehydharze.
        - 2.3.5.1.1 Saure Bakelitherstellung.
- 3. Ionenaustauscher.
  - 3.1 Beispielaufgabe Ionenaustauscher.
  - 3.2 Übungsaufgaben Ionenaustauscher.

# 1. Hintergrundinformationen[1]

Kunststoffe sind Makromoleküle (riesig groß) und bestehen aus vielen Monomeren (innerhalb einer Kette als Polymer bezeichnet). Die Repetiereinheit ist die kleinste sich wiederholende Einheit innerhalb eines Makromoleküls.

| Vier Eigenschaften fast aller Kunststoffe | | | |
|---|---|---|---|
| 1. relativ geringe Dichte. | 2. Weder Strom noch Wärme leitend; wasser-, säure- und basenbeständig. | 3. glatte Oberfläche → leichte Reinigung. | 4. keine Oxidation. |

| Vier Klassen der Kunststoffe | | | |
|---|---|---|---|
| **Thermoplasten** | **Duroplasten** | **Elastomere** | **Fluidoplasten** |
| 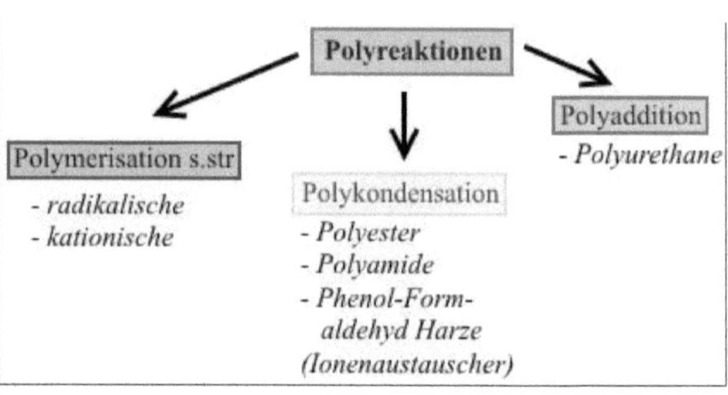 | | | |
| Lineare, unverzweigte Ketten. | Vernetzte Ketten. | Verzweigte Ketten. | Nicht vernetzte, lineare Ketten. |
| Van-der-Waals – Kräfte und Wasserstoffbrücken-bindungen zwischen den Ketten (→ Nur Wechselwirkungen). | Atombindungen zwischen den Ketten. | Gitter- / Netzstruktur. | Van-der-Waals – Kräfte und Wasserstoffbrücke nbindungen. |
| Bei Wärme werden Wechsel-wirkungen aufgelöst und Ketten-stabilität verfällt. | Sehr viel Energie (Hitze) wird zum Schmelzen benötigt. | Molekülstruktur schwingt, beim Erhitzen rücken Netzkerne näher zusammen, Kunststoff verliert an Volumen. | Äußerst kurze Ketten, flüssige Öle. |
| | | Hohe Elastizität, Verhalten wie Gummi. | |

## Vor- und Nachteile der Kunststoffe.

Chemische Vorteile siehe Tabelle oben. Des Weiteren sind Kunst-stoffe wegen ihrer Formbarkeit, Härte, Elastizität und Bruchfestigkeit vielseitig einsetzbar. Zu den Nachteilen gehört jedoch die Beständig-keit. Kunststoffe bauen sich nur extrem langsam ab, gelangen in die Ozeane und sorgen dort für Fischsterben. UV-Strahlung oder Additive (Weichmacher) lösen einige Gruppen aus den Kunststoffen heraus, da sie nur darauf aufgetragen werden, nicht aber (chemisch) gebunden sind. Diese lagern sich (1)

---

1 Die meisten Bilder wurden Professor Blumes Bildungsserver für Chemie entnommen
  http://www.chemieunterricht.de/dc2/plaste/inhalt1.htm

als giftige Zwischenstufen in der Natur an oder gelangen (2) ins Grundwasser und schaden den Menschen wegen der leicht hormonellen Wirkung.

**Wichtige Kunststoffe.**

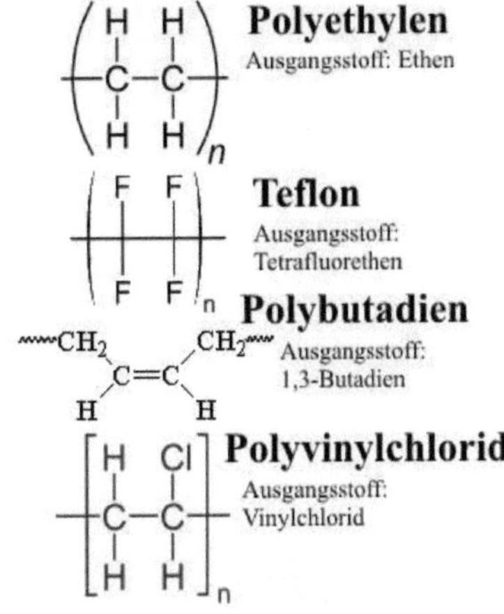


## 2. Polyreaktionen
### 2.1 Polymerisation s.str.

Bei einer **Polymerisation** s.str. werden <u>ungesättigte</u> oder <u>cyclische</u> **Monomere** in **Makromoleküle** überführt. Die Grundbausteine dieser **Makromoleküle** haben die gleiche Struktur wie die **Monomere**.

Besonders werden hier **Plexiglas (Polymethacrylat)** und ein ähnlicher Stoff **Polyacrylat** betrachtet. Die Ausgangsstoffe sind *Acrylsäure* (**Propensäure**) und *Methacrylsäure* (**2-Methylacrylsäure**).

Durch die **radikalische Polymerisation** der obrigen Stoffe entstehen die sogenannten **Reinacrylate**, eine große und bedeutende Klasse der Acrylharze.

**(1) Startreaktion:** Zuerst wird ein Radikal gebildet. Industriell werden häufig Peroxide verwendet, in diesem Beispiel Wasserstoffperoxid aber auch AIBN.

$$\text{Peroxid } H\text{-}O\text{-}O\text{-}H \xrightarrow{\Delta} H\text{-}O^{\bullet} + {}^{\bullet}O\text{-}H$$

$$\underset{\underset{CN}{|}}{\overset{\overset{CH_3}{|}}{H_3C\text{-}C}}\text{-}N{=}N\text{-}\underset{\underset{CN}{|}}{\overset{\overset{CH_3}{|}}{C}}\text{-}CH_3 \xrightarrow{\Delta} \underset{\underset{CN}{|}}{\overset{\overset{CH_3}{|}}{H_3C\text{-}C}}{}^{\bullet} + N_2 + \underset{\underset{CN}{|}}{\overset{\overset{CH_3}{|}}{H_3C\text{-}C}}{}^{\bullet}$$

(AIBN)

**(2) Kettenstart:** Das Radikal bricht die Doppelbindung der Propensäure auf und bindet sich an ein C-Atom. Das andere C-Atom der ehemaligen Doppelbindung wird zum Radikal.

$$H\text{-}O^{\bullet} + H_2C{=}\overset{\overset{H}{|}}{C}\text{-}COOH \longrightarrow H\text{-}O\text{-}\underset{\underset{H}{|}}{\overset{\overset{H}{|}}{C}}\text{-}\underset{\underset{COOH}{|}}{\overset{\overset{H}{|}}{C}}{}^{\bullet}$$

**(3) Kettenfortpflanzung:** Da die Kette immer noch ein Radikal ist, können sich beliebig viele Monomere anbinden, aber ab einer bestimmten Kettenlänge wird das Makromolekül zu instabil und zerfällt.

$$H\text{-}O\text{-}\underset{\underset{H}{|}}{\overset{\overset{H}{|}}{C}}\text{-}\underset{\underset{COOH}{|}}{\overset{\overset{H}{|}}{C}}{}^{\bullet} + H_2C{=}\overset{\overset{H}{|}}{C}\text{-}COOH \longrightarrow H\text{-}O\text{-}\underset{\underset{H}{|}}{\overset{\overset{H}{|}}{C}}\text{-}\underset{\underset{COOH}{|}}{\overset{\overset{H}{|}}{C}}\text{-}\underset{\underset{H}{|}}{\overset{\overset{H}{|}}{C}}\text{-}\underset{\underset{COOH}{|}}{\overset{\overset{H}{|}}{C}}{}^{\bullet}$$

$$\Longrightarrow H\text{-}O{\left[\underset{\underset{COOH}{|}}{\overset{\overset{H}{|}}{C}}\text{-}\underset{\underset{H}{|}}{\overset{\overset{H}{|}}{C}}\right]}_{n}$$

3

**(4) Kettenstopp:**

*Bei der Methacrylsäure entsprechend.*

Bei der **kationischen** Polymerisation findet eine „Aktivierung" durch Säuren statt.

Die Dabei verwendete Säure ist ausschlaggebend für das Aussehen des Makromoleküls, da deren Anion die Reaktion beendet. Das Wasserstoffteilchen bindet sich außen an das Kohlenstoffatom, jedoch wird das mittige positiv geladen. Das liegt daran, dass das Carbokation an dieser Stelle durch die induktiven Effekte stabilisiert wird, was außen nicht (so stark) geschehen würde.

Das aktivierte Styrol reagiert mit weiteren Styrolmolekülen, solange bis das Anion der Säure sich an das Carbokation bindet und die Reaktion beendet. Dabei reagiert immer das äußere Kohlenstoffatom mit dem Carbokation, sodass der neue Stoff ebenfalls am mittigen Carbokation geladen ist.

### 2.1.1 Copolymerisation
*Polymerisation mit zwei Monomeren zur Bildung von Duroplasten*

**Beispiel: Ionenaustauscher-Matrix Polystyrol.**
Styrol und Divinylbenzol werden polymerisiert. Dabei bildet sich – wie bereits bekannt – zuerst ein größeres Radikal aus dem Initiator und dem Styrol. An dieses kettet sich nun das Divinylbenzol, wobei mit einem der äußersten C's reagiert wird. Das andere C wird radikalisiert und die Kette fortgeführt. Da sich nun eine weitere Doppelbindung am Divinylbenzol befindet – und in dem Medium ziemlich viele Radikale vorliegen – wird sich an diesem C-Atom auch eine Kette bilden, welche wiederum neue Nebenketten erzeugen wird. Dieser riesige Duroplast kann als Kationenaustauscher fungieren.

## 2.2 Polyaddition
*Polymerreaktion, bei der Bindungen von Makromolekülen von bi- oder multifunktionellen Reaktionsteilnehmern durch Addition erfolgen ohne dass Moleküleile aus den reagierenden Molekülen abgespalten werden.*

Dabei reagiert immer Diisocyanat mit einem Diol zum Polyurethan. Nukleophiler Angriff der Hydroxylgruppe.

**Diisocyanat + Diol → Polyurethan**

Repetiereinheit des Polyurethan's.

*Die funktionelle Gruppe könnte entweder eine Peptidbindung (-NH-CO-) oder ein Ester (-C(O)OC-) sein, hat aber keinen besonderen Namen.*

$$\delta^- \quad \delta^+ \quad \delta^- $$
$$O = C = \underline{N} - R_1 - \overline{N} = C = O + HO - C - R_2 - C - OH$$

$$\longrightarrow O = C = \underline{N} - R_1 - \overline{N} - \overset{O}{\underset{H}{C}} - \overline{O} - C - R_2 - C - OH$$

## 2.3 Polykondensation

**Monomere** mit funktionellen Gruppen reagieren miteinander unter Abspaltung meist kleiner Gruppen um **Makromoleküle** zu bilden. **Monomere** mit <u>zwei</u> funktionellen Gruppen werden *bifunktional*, **Monomere** mit <u>drei</u> funktionellen Gruppen *trifunktional* genannt. Die Polykondensation von *bifunktionalen* Monomeren führt zu *kettenförmigen Thermoplasten*, von *trifunktionalen* Monomeren zu *verzweigten Duroplasten*. Bei der Polykondensation findet die Reaktion an / mit den funktionellen Gruppen statt.

**Polykondensate**

| Polyester | Polycarbonate | Polyamide | Phenoplaste | Aminoplaste |

<u>2.3.1 Polyester:</u>

Ethandiol + Hexandisäure → Polyester + Wasser.

$$\cdots -OH \; + \; HOOC-(CH_2)_4-COOH \; + \; HO-CH_2-CH_2-OH \; + \; HOOC-(CH_2)_4-COOH \; + \; HO-\cdots$$

$$\downarrow -H_2O \qquad\qquad \downarrow -H_2O \qquad\qquad \downarrow -H_2O \qquad\qquad \downarrow -H_2O$$

$$\cdots -O-\overset{\text{C}}{\underset{O}{\|}}-(CH_2)_4-\overset{\text{C}}{\underset{O}{\|}}-O-CH_2-CH_2-O-\overset{\text{C}}{\underset{O}{\|}}-(CH_2)_4-\overset{\text{C}}{\underset{O}{\|}}-O-\cdots$$

Technisch gesehen werden an häufigsten Polyester aus *zweiwertigen Alkoholen* und *aromatischen Dicarbonsäuren* hergestellt, da deren Polyester scheuerfest, knitterfrei und wenig Wasser aufnehmend ist.

Am häufigsten und einfachsten verwendet wird die Reaktion aus:

Ethandiol + Terephthalsäure → P-oly-E-then-T-erephthalat (PET)

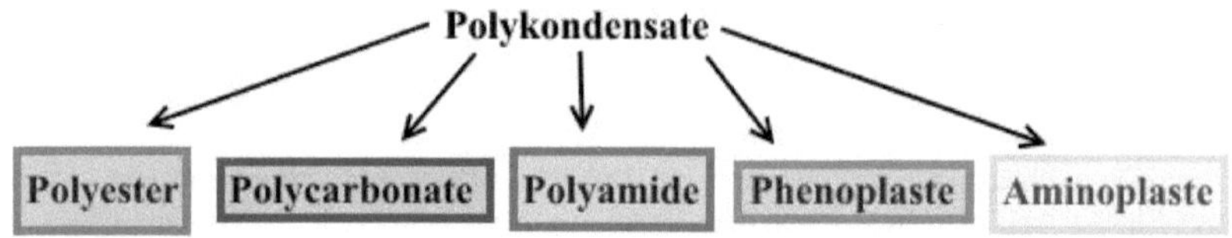

**Mechanismus: Saure Veresterung bzw. Fischer Veresterung.**

Zuerst wird die Terephtalsäure protoniert, wobei mehrere mesomere Grenzstrukturen auftretenkönnten. Im Zuge der Anlagerung des Ethandiol ist das O des Alkohols positiv geladen, eine Umverlagerung des Hs führt zu einer Abspaltung von Wasser, eine weitere anschließende Abspaltung von $H^+$ stabilisiert das Ester.

## 2.3.1.1 Polyesterharze:

Harze sind fungieren als Klebstoffe, sind Makromoleküle.

**Ungesättigte** Polyester (UP) werden aus der Polykondensation von *Ethandiol* und *ungesättigten Dicarbonsäuren* hergestellt. Diese werden als Polyesterharze eingesetzt, da sie bei Zugabe von *Styrol* eine Polymerisation s.str. eingehen und einen Duroplasten bilden. Sie sind (meist) farblos nach der Reaktion sehr stabil. Einsatz auch als Bindemitteln in Lacken und als Abdichtung für Boote.

Polyester

Styrol

## 2.3.2 Polycarbonate:

Diese besonders festen, starken, steifen und schlagresistenten Makromoleküle werden auch wegen ihren Eigenschaften als Isolatoren für medizinische Geräte und Sicherheitshelme verwendet. Das reaktive **Phosgen** reagiert mit **Diphenolen** zu <u>linearen</u> **Polysäureestern** (Polycarbonat, weil das Phosgen ein Kohlensäurenderivat ist ($H_2CO_3$) [OH-Gruppen durch Cl-Atome ersetzt]).

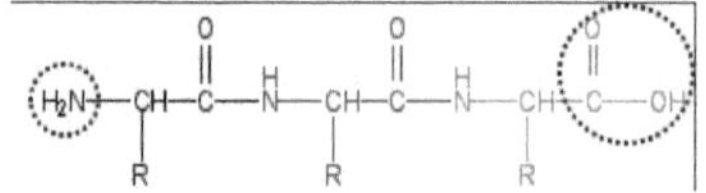


## 2.3.3 Polyamide:

Anstelle von *zweiwertigen Alkohol* kann man auch *Diamine* polykondensieren. Anstelle der <u>Esterbindungen</u> entstehen <u>Peptid</u>-<u>Bindungen</u> (-NH-CO-). Proteine sind Polyamide.

Die Reaktion von (Carbon-)Säuren und Amiden ergeben eine Peptidgruppe (-CO-NH-). Wenn man nun eine Dimerisierung von zwei α-Aminosäuren durchführt (α-C Atom an Säure und Aminogruppe gebunden) entsteht ein **Peptid**. Das untere Peptid ist „links" N-terminal und „rechts" C-terminal,

d.b. beginnt mit Stickstoff und endet mit Kohlenstoff. Benutzt man nun Enatiomere (Spiegelungen), verändern sich die Polyamide / Peptide ebenfalls und haben andere Wirkungen. Peptide **kommen in der Natur vor** und wurden von Menschen synthetisch hergestellt.

1,6-Diaminohexan + Hexandisäure → Nylon + Wasser.



Großtechnisch wird Nylon auch durch Erhitzung von Adipinsäure Hexamethylendiamin (1,6 – Diaminohexan) gewonnen. Die hohe Zugfestigkeit der Polyamide eignet sich hervorragend zum <u>Herstellen von Fasern</u>. Fasern werden nach dem *Schmelzspinnverfahren* hergestellt: Polyamid wird geschmolzen und in Schächten zu dünnen Fäden geformt. Beim *Verstrecken* wird die Länge der Fäden erhöht, die **Makromoleküle** ordnen sich **parallel** an und werden durch **Wasserstoffbrückenbindungen** verstärkt.

Ausgangsstoff der Synthese zu Aminoplasten ist der Hydroxymethylharnstoff.

**Harnstoff**    **Methanal**    **Hydroxy-Methyl-Harnstoff**

Aminoplasten sind Duroplasten und dunkeln im Vergleich zu Phenoplasten nicht nach. Melamin und Formaldehyd reagieren zu sehr stark vernetzten Makromolekülen, welche sehr temperaturbeständig sind.

**Melamine**    **Formaldehyde**    **Methylol melamine**

**Phenoplaste bzw. Bakelite:**
Duroplastische Kunststoffe aus Phenol(-derivaten) und Formaldehyd (Methanal). Das Phenol deprotoniert das Formaldehyd und lässt es reaktiver werden. Bei Zugabe einer Säure wird das Formaldehyd protoniert und ebenfalls reaktiver. In beiden Fällen wird das Monomer -CH$_2$-O- gebildet.
Formaldehyd + Phenole → Novolake oder Resole + Wasser.
**Formaldehyd-Harze:**
Die Carbonylgruppe (C = O) ermöglicht eine Veränderung durch säuren- oder basenkatalyse, sodass vielfältige Möglichkeiten entstehen. Die Produkte der Polykondensation von Phenol und Formaldehyd im basischen Milieu sind Resole. Dieses ist linear, beim Erhitzen verzweigen sich jedoch die Ketten sehr stark und härten damit aus. Im sauren Milieu entstehen Novolake, welche mit Formaldehydspendern bei 120°C aushärten.

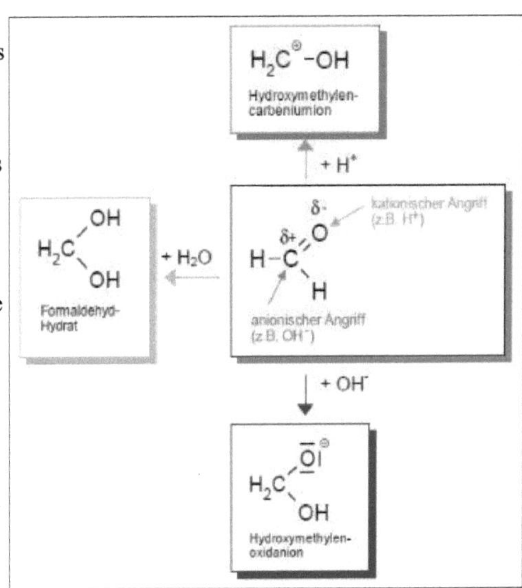

Saure Bakelitherstellung

$$H_2C=O + H^+ \longrightarrow H_2\overset{+}{C}-\overset{..}{O}H$$

1,3-Dihydroxy-
benzol (Resorcin)

Hydroxy-
methylen-
Carbeniumion

π-Komplex

mesomeriestabilisierter σ-Komplex

# 3. Ionenaustauscher[2]

Ionenaustauscher macht sich **Selektivität** zu Nutze: Im Bezug auf das stark polare Aluminiumoxid besitzen Chromationen ($CrO_4^{2-}$) eine höhere Selektivität als Permanganationen ($MnO_4^-$), weil die stärker negativ geladenen Anionen besser festgehalten werden.

Ionenaustauscher „hält" Ionen durch <u>elektrostatische Anziehungskräfte</u> (**Coulomb-Kraft**) „fest". Ist stärker als **Adsorption** (Anreicherung von Stoffen an Oberflächen von Feststoffen (d.h. keine Bindungen)), da z.B. Ionenaustauscher nicht ausgewaschen werden können. Jedoch ist es schwer beide Phänomene zu trennen, weil oft beides gleichzeitig passiert.

Ionenaustauscher **<u>Beladung</u>**:

Am Ionenaustauscher befinden sich <u>einfach</u> geladene Ionen. Diese werden gegen <u>zwei</u>- oder <u>dreifach</u> geladene Ionen ausgetauscht (Bsp. $Na^+$ am Kationenaustauscher wird gegen $Ca^{2+}$ ausgetauscht).

Am Ionenaustauscher befinden sich Ionen mit <u>geringer</u> <u>molaren</u> <u>Masse</u>, welche gegen Ionen mit <u>höherer</u> <u>Masse</u> ausgetauscht werden (Bsp. $H^+$ am Kationenaustauscher wird gegen $Na^+$ ausgetauscht).

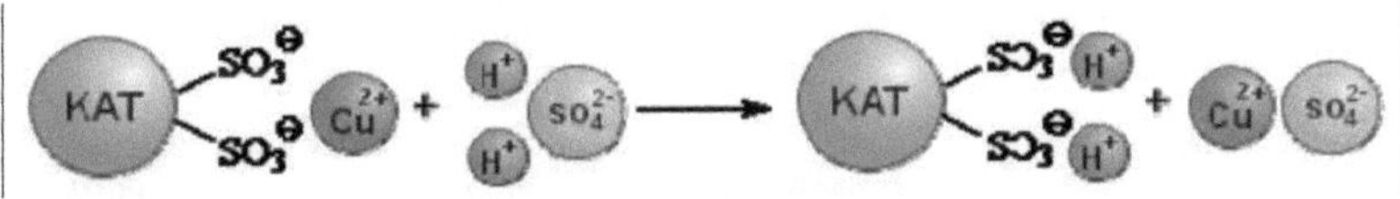

Am Ionenaustauscher befinden sich nur noch die selektivsten Ionen (am schwersten oder am geladensten), er ist unbrauchbar.

**Regeneration** durch Zugabe einer konzentrierten Lösung von erwünschten Ionen. Viele schwächer selektive Ionen verdrängen wenige stark selektive.

**Eluieren:** Regeneration des Ionenaustauschers mit einer Gegenion-Lösung.
**Eluat:** Flüssigkeit, die bei erfolgreicher Eluierung entsteht.
**Konfektion:** Ist ein Ionenaustauscher wieder einsatzbereit ist er konfektioniert.
**Verwendung eines:** Ionenaustauscherharz in die Säule füllen, zu absorbierende Lösung an die Säule

---

2  Auch hier entspringen die Bilder Professor Blumes Medienangebot   http://www.chemieunterricht.de/dc2/iat/

**Chemie und Alltag: Ionenaustauscher.**
Phosphate wurden in Waschmitteln eingesetzt, weil:
1. sie sich an die kalkbildenden Ionen Magnesium und Calcium binden.
2. sie Emulgatoren sind. Sie helfen dem (eig. unlöslichen) Schmutz in Lösung zu gehen und darin zu bleiben.
→ Jedoch führen Phosphate zur Überdüngung der Gewässer.

Alternative ist wasserunlösliches **Natriumaluminiumsilikat**.

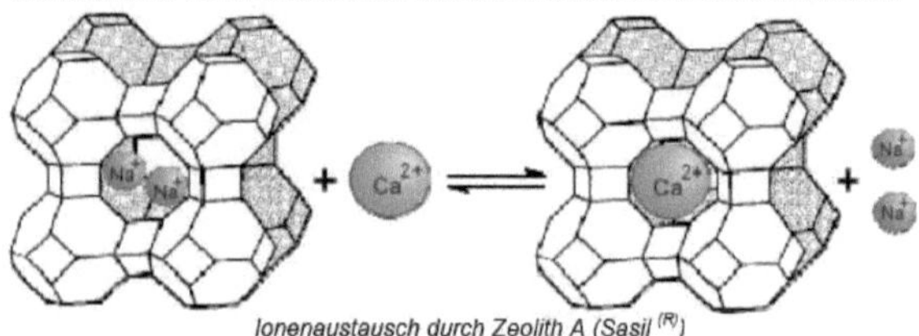


*Ionenaustausch durch Zeolith A (Sasil $^{(R)}$)*

**Demineralisieren von Wasser.**

**1. Entbasung.**
Die im Wasser gelösten Ionen werden über einen Kationenaustauscher geleitet. Dabei werden die Kationen durch Protonen ausgetauscht und Mineralsäuren entstehen. Durch Einlassen von Frischluft wird das Wasser von gelöstem $CO_2$ befreit.

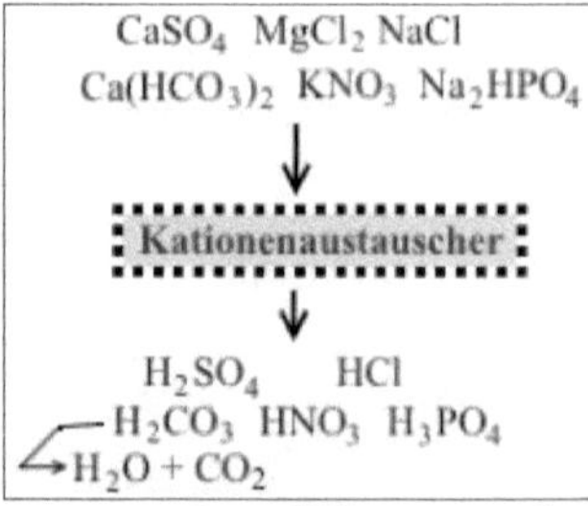


**2. Entsäurung.**
Anionen der entstandenen Säuren werden durch Hydroxidionen ausgetauscht und Wasser entsteht.
Die Funktionalität des Ionenaustauschers wird durch Leitfähigkeitsmessungen am entstandenen Wasser kontrolliert.

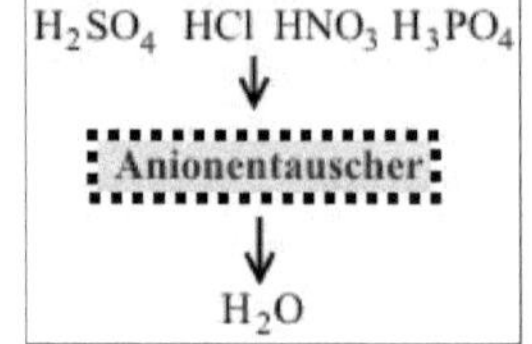

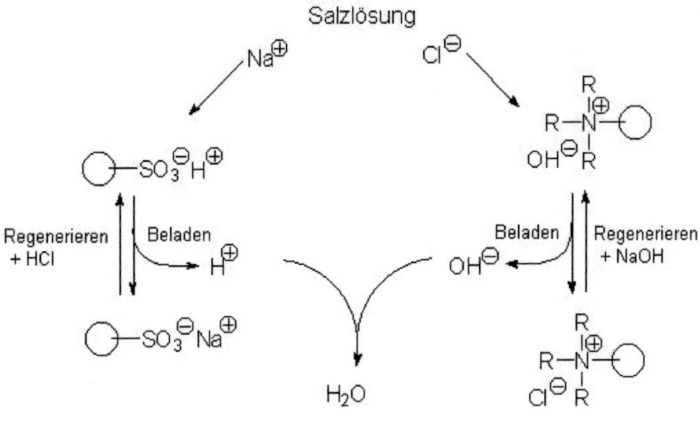

Salzlösung

$Na^{\oplus}$  $Cl^{\ominus}$

$-SO_3^{\ominus}H^{\oplus}$

$R-\overset{\overset{\displaystyle R}{|}}{\underset{\underset{\displaystyle R}{|}}{N}}^{\oplus}-\bigcirc$  $OH^{\ominus}$

Regenerieren + HCl | Beladen → $H^{\oplus}$

Beladen $OH^{\ominus}$ ← | Regenerieren + NaOH

$-SO_3^{\ominus}Na^{\oplus}$

$H_2O$

$R-\overset{\overset{\displaystyle R}{|}}{\underset{\underset{\displaystyle R}{|}}{N}}^{\oplus}-\bigcirc$  $Cl^{\ominus}$

*Kationenaustauscher*                    *Anionenaustauscher*

Jeder Ionenaustauscher besteht aus einem makromolekularem Gerüst (**Matrix**), welches u.a.
Ankergruppen enthält. Dies sind funktionelle Gruppen, welche dem Ionenaustauscher die Fähigkeit
als Kationen- oder Anionenaustauscher zu agieren.
Gegenion gibt Form des Ionenaustauscher an, ist $H^+$ das
Gegenion, so spricht man von der $H^+$ Form, bei $Na^+$ entsprechend.

| Anionenaustauscher | | |
| --- | --- | --- |
| Ankergruppe | | Austauscher |
| Ankergruppe | Gegenion | typ |
| 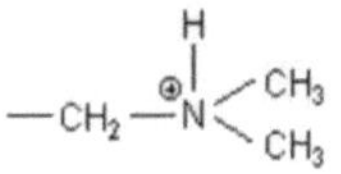 $-CH_2-\overset{\oplus}{N}$ (mit H, $CH_3$, $CH_3$)<br>tertiäre Amino-Gruppe | $Cl^{\ominus}$ | Neutral |
| 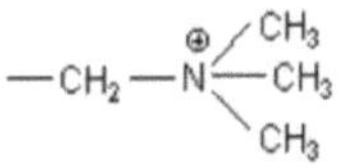 $-CH_2-\overset{\oplus}{N}$ (mit $CH_3$, $CH_3$, $CH_3$)<br>quartäre Amino-Gruppe | $OH^{\ominus}$ | Stark basisch |
| 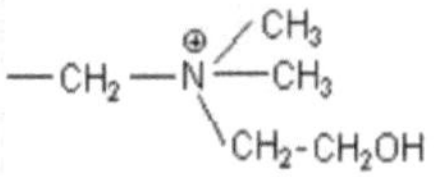 $-CH_2-\overset{\oplus}{N}$ (mit $CH_3$, $CH_3$, $CH_2-CH_2OH$)<br>quartäre Amino-Gruppe | $OH^{\ominus}$ | Stark basisch |

| Kationenaustauscher | | |
| --- | --- | --- |
| **Ankergruppe** | **Gegenion** | **Austauscher typ** |
| $-\!\!\!\langle\bigcirc\rangle\!\!-SO_3^{\ominus}$ <br> aromatische Sulfonsäure-Gruppe | $H^{\oplus}$ <br> $Na^{\oplus}$ | Stark sauer <br> neutral |
| $-COO^{\ominus}$ <br> Carboxyl-Gruppe | $H^{\oplus}$ | Schwach sauer |
| $-CH_2-SO_3^{\ominus}$ <br> Sulfonsäure-Gruppe | $H^{\oplus}$ | Stark sauer |
| $-O^{\ominus}$ <br> Hydroxyl-Gruppe | $H^{\oplus}$ | Schwach sauer |

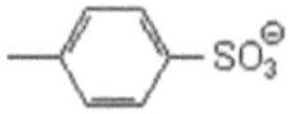

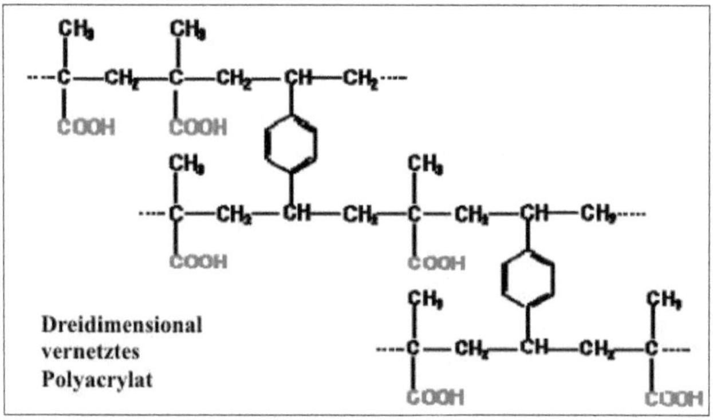

**Dreidimensional vernetztes Polystyrol** (Polymerisation s.str.).



Das Polyacrylat besitzt Carboxylgruppen welche der Verbindung somit Eigenschaften eines Kationenaustauschers verleihen. An diesen funktionellen Gruppen können sich Kationen durch die Abspaltung eines Protons binden.

**Polyresorcin** aus Phenol und Resorcin (Polykondensationsharz).

Durch die Reaktion von Resorcin und Formaldehyd bilden sich Thermoplasten. Liegt Formaldehyd im Überschuss vor, dann verzweigen sich die Ketten untereinander und Duroplasten entstehen, welche durch die Hydroxidgruppe auch Eigenschaften eines Kationenaustauschers besitzen.

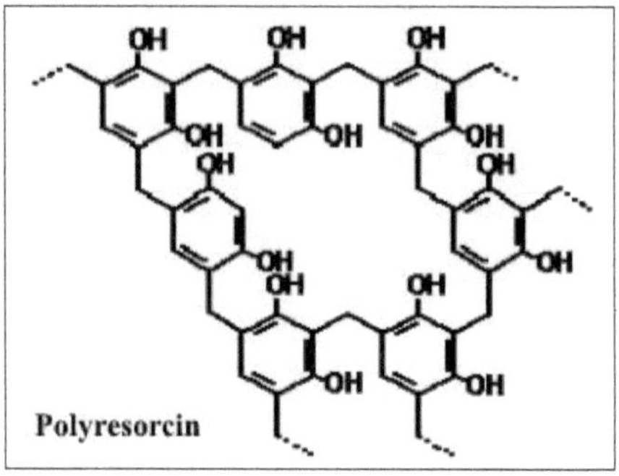

**Nachträglich** können an solche Makromoleküle noch funktionelle Gruppen substituiert werden um z.B. Eigenschaften eines Anionenaustauschers zu erzeugen oder die „Benutzungsdauer" des Kationenaustauschers zu erhöhen.

**Chelatbildende Ionenaustauscher.**
Um spezielle (Schwermetall-)Ionen zurückgewinnen zu können, verwendet man industriell sog. chelatbildende Ionenaustauscher, welche eine hohe Selektivität besitzen.

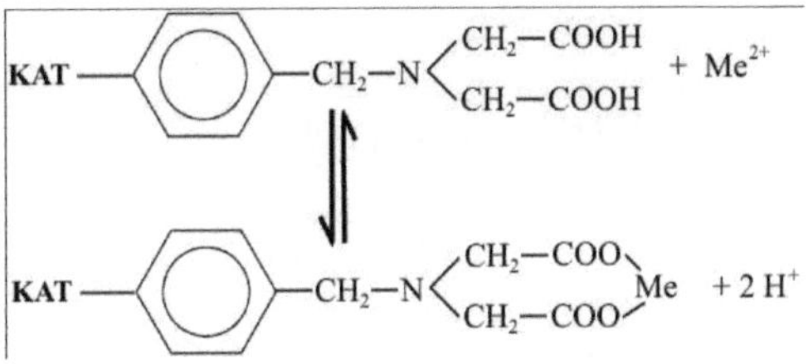

$$\text{KAT}-\bigcirc-CH_2-N\big\langle\begin{array}{l}CH_2-COOH\\CH_2-COOH\end{array} \quad + Me^{2+}$$

$$\text{KAT}-\bigcirc-CH_2-N\big\langle\begin{array}{l}CH_2-COO\\CH_2-COO\end{array}\big\rangle Me \quad + 2\,H^+$$

**Berechnung der Kapazität eines Ionenaustauschers.**

$$G = \frac{n_{Ankergruppe}\ mmol}{m\ g} \qquad \textbf{(Gl. 1)}$$

$G$ = Gewichts-Kapazität [mmol/g]

$n_{Ankergruppe}$ = Stoffmenge der Ankergruppen [mmol]

$m$ = Masse des Ionenaustauschers [g]

Die Gleichgewichtskapazität eines Ionenaustauschers wird aus Anzahl der Ankergruppen in mmol durch Masse des Ionenaustauschers in g.

100ml Natronlauge fließt durch einen Ionenaustauscher, Filtrat wird mit Salzsäure titriert. Ursprüngliche OH⁻ Konzentration abzüglich der gemessenen ergibt Anzahl der Ankergruppen, welche man dann in Stoffmenge berechnen kann.

## 3.1 Konzentration einzelner Legierungstypen bestimmen – Beispielaufgabe.

a) Konzentration der $H^+$ Ionen berechnen.

Menge an titrierter Base: 46,2ml

Molarität der Base: 0,01mol / L

Volumen Eluat = 83,3ml

$$m_1 * V_1 = m_2 * V_2 \quad = \quad x * 83,3 = 0,01 * 46,2 \quad = \quad x = 0,00555\, mol/L$$

b) Austauscherausbeute berücksichtigen (98%).

$$0,00555 * \frac{100}{98} = 0,00566$$

c) Wasserstoffkonzentration der Probe (750ml) berechnen.

$$0,00566 * 0,75 = 0,00425 = [H^+]_{Eluat}$$

d) Austauscher und Metalllegierung untersuchen.
- Wertigkeit der Metallionen bestimmen ($Zn^{2+}$; $Cr^{3+}$; $Cu^{2+}$).
- Verhältnis der Legierung beachten (1:2:3 Zink, Chrom, Kupfer).

e) Konzentration der Metalle bestimmen.

| Ion | Verhältnis | Menge an $H^+$ Ionen pro Ion |
|---|---|---|
| $Zn^{2+}$ | y | 2y |

15

| $Cr^{3+}$ | 2y | 3*2y |
|---|---|---|
| $Cu^{2+}$ | 3y | 2*3y |
| $[H^+]_{Eluat} = 14y$ | | |

Daraus ergibt sich:

$$[Zn^{2+\cdot}] = \frac{0{,}00425}{14} = 0{,}0003 \; \frac{mol}{750ml}$$

$$[Cr^{3+\cdot}] = \frac{0{,}00425}{7} = 0{,}0006 \; \frac{mol}{750ml}$$

$$[Zn^{2+\cdot}] = \frac{0{,}00425}{4{,}666} = 0{,}0009 \; \frac{mol}{750ml}$$

f) Konzentrationen auf mol/L umrechnen.

$$[Zn^{2+\cdot}] = 0{,}0003 * \frac{100}{0{,}75} = 0{,}004 \; \frac{mol}{L}$$

$$[Cr^{3+\cdot}] = 0{,}0006 * \frac{100}{0{,}75} = 0{,}008 \; \frac{mol}{L}$$

$$[Zn^{2+\cdot}] = 0{,}0009 * \frac{100}{0{,}75} = 0{,}0012 \; \frac{mol}{L}$$

## 3.2 Ionenaustauscher Übungsaufgaben

1. *Eine $CaCl_2$ - Lösung wird über einen sauren Kationenaustauscher geschickt. Die Titration der durchgelaufenen Lösung ergibt einen Verbrauch von 5ml 0,2M NaOH. Wie viel Milligramm $Ca^{2+}$ - Ionen waren in der Probe?*

2. *Eine unbekannte Menge an Natriumsulfat in Wasser wird über einen stark basischen Anionenaustauscher gegeben und mit aqua dest. eluiert. Das Eluat mit 9ml 0,1M Salzsäure titriert. Wie viel Gramm Natriumsulfat enthielt die ursprüngliche Lösung?*

3. *Zur quantitativen Bestimmung von $Na_2SO_4$ (natürliches Vorkommen: in Glaubersalzquellen und Bitterwässern) lässt man eine Lösung des Salzes durch einen Anionenaustauscher in der $HO^-$ - Form laufen. Nach dem vollständigen Auswaschen erhält man genau 400ml Eluat vom pH - Wert 13,0. Wie viel mmol und mg Natriumsulfat waren in der ursprünglichen Lösung enthalten?*

4. *Auf einen mit Protonen beladenen Kationenaustauscher gibt man 100g einer Lösung, von der bekannt ist, dass sie 1,0% Massenanteil an entweder $Ca^{2+}$ - oder $Mg^{2+}$ - Ionen enthält. Bei Titration der im Eluat vorhandenen Menge an Protonen werden 50ml 1,0M NaOH - Lösung verbraucht. Welches Erdalkali-Kation lag vor?*

5. *Ionenaustauscher binden höhergeladene Ionen mit höherer Affinität als niedrig geladene, was z.B. für die Abtrennung und Gewinnung seltener Metalle in der dreiwertigen Form (Gallium, Lanthan und Ionen der anderen Seltenerdmetalle) ausgenutzt wird. Ionenaustauschchromatographie von $Fe^{3+}$ -, $Al^{3+}$ - und $Cr^{3+}$ - Ionen ist jedoch oft mit Komplikationen behaftet und nicht quantitativ - wieso? Warum kann es besonders schwer sein, eine Ionenaustauchersäule von Eisen und Aluminium, die mit zu analysierenden anderen Ionen eingeschleppt wird, zu befreien?*

6. *Um den Gehalt käuflicher krist. Soda ($Na_2CO_3$ * $10H_2O$) an wasserfreiem Natriumcarbonat festzustellen, wurden 0,8g Soda in Wasser gelöst und mit wenigen Tropfen Methylorange (als pH-Indikator) versetzt. Eine Titration mit 0,1M Salzsäure ergab einen Verbrauch von 54,4ml. Wie viel wasserfreies $Na_2CO_3$ enthält die Soda?*

7. *Welche Reinheit (in %) und welchen Gehalt an wasserfreier Oxalsäure hat eine kristallisierte Oxalsäure ($H_2C_2O_4$ * 2 $H_2O$), von der 0,2338g bei einer Titration 37,02ml Natronlauge mit c (NaOH) = 0,1 mol / L zur Neutralisation verbrauchen?*

# Lösungen

## 1.

(a) Konzentration der Natronlauge an Titrationsvolumen anpassen.

$$n = 0,2 \frac{mol}{L} \quad V = 0,005\,L \quad n_{Eluat} = 0,001\,mol$$

(b) An Wertigkeit des Kations anpassen. Ca ist zweifach positiv geladen, darum

$[H^+] = \frac{1}{2}\,[Ca^{2+}]$

$\rightarrow [Ca^{2+}] = 0,0005$ mol / Eluatvolumen

(c) Masse des zu bestimmenden Kations berechnen. $M_{Ca} = 40,1$ g / mol $\rightarrow m_{Ca} = 20,05$mg

## 2.

(a) Konzentration der Sulfationen bestimmen.
$[OH^-] = \frac{1}{2}\,[SO_4^{2-}] \rightarrow [SO_4^{2-}] = 0,05$ mol / L

(b) Konzentration an Titrationsvolumen anpassen.

$$\frac{0,09 * 9}{1000} = 0,00045 \frac{mol}{Eluat}$$

(c) Masse des <u>ganzen</u> Moleküls berechnen. $M_{Na2SO4} = 160$ g/mol
Da $[Na^+]^2 = [SO_4^{2-}] = [Na_2SO_4]$, ist $m_{Na2SO4}$ gleich 0,072g

**3.**

(a) Konzentration der Sulfationen bestimmen.

$[OH^-] = 10^{-pOH}$

$pOH = 14 - pH = 1$   $[OH^-] = 0,1$ mol / L

$[OH^-] = \frac{1}{2}[SO_4^{2-}] \rightarrow [SO_4^{2-}] = 0,05$ mol / L

(b) Konzentration an Titrationsvolumen anpassen.

$$\frac{0,05 * 400}{1000} = 0,02\,\frac{mol}{Eluat}$$

Da $[Na^+]^2 = [SO_4^{2-}] = [Na_2SO_4]$, ist $n_{Na2SO4} = 20$mmol.

$M_{Na2SO4} = 160$ g / mol   $=> 0,02 * 160 = 3,2$g $Na_2SO_4$

**4.**

Informationen aus dem Text:

 100g X wurde eluiert     X besteht zu 1% aus $Ca^{2+}$ oder $Mg^{2+}$     $V_{Titrat} = 0,05$L     $n_{Titrat} = 1$ mol / L

(a) Konzentration der Protonen berechnen.

$[H^+] = 0,05$mol       $[H^+] = \frac{1}{2}[Ca^{2+}]$ bzw. $\frac{1}{2}[Mg^{2+}]$ $\rightarrow$ 0,025mol / L

(b) Masse der möglichen Erdalkalimetalle berechnen.

$M_{Ca} = 40$ g/mol   $M_{Mg} = 24$ g/mol       $=>$     $m_{Ca} = 1$g       $m_{Mg} = 0,6$g

(c) Begründete Entscheidung treffen.

X besteht zu 1 % aus Calcium, da 100g verwendet wurden und die von Calcium genau 1g betragen würde, wenn diese Substanz Calcium enthielte.

**5.**

- Der Stärkere verdrängt den Schwächeren. Wer ist Stärker als Eisen und Aluminium?
- Masse verdrängt die Minderheit. Wie viel $H^+$ bzw. $OH^-$ würde man dafür benötigen?

**6.**

(a) Konzentration des wasserfreien Natriumcarbonates (Carb) berechnen.

$[H^+] = \frac{1}{2}[Na^+]$     $\rightarrow$   $[Na^+] = 0,05$ mol/L

(b) Konzentration des Carb an Titrationsvolumen anpassen.

$$\frac{0,05\,mol * 54,5\,mL}{1000mL} = 0,0027\,\frac{mol}{Eluat}$$

(c) Masse des Carb berechnen.

 $M_{Carb} = 106$g/mol   0,0027 mol/Eluat * 106 g/mol = 2,9 g/Eluat

(d) Gehalt des Carb im Hydrat berechnen.

 0,8g Soda = 0,29g Carb

 100g Soda = 36,25g Carb     Gehalt des wasserfreiem Natriumcarbonats im Soda beträgt 36,25%

(e) <u>Alternativ</u> die Reinheit der Soda berechnen.

Schritt (c) mit anstelle von $M_{Carb}$ benutzen.

$M_{Hydrat} = 286$g/mol   0,0027 mol/Eluat * 286 g/mol = 0,7722 g/Eluat

Schritt (d) wiederholen.

Reinheit der Soda beträgt 97,42%

18

# 7.

(a) Allgemeine Informationen heraussuchen.

(Wasserfreie Oxalsäure = Ox)

$M_{Hydrat}$ = 126 g/mol;   $M_{Ox}$ = 90 g/mol;   $[OH^-] = \frac{1}{2}\,[Ox^{2-}]$;   0,2338g Hydrat

(b) Konzentration der Ox berechnen und an Titrationsvolumen anpassen.

$$[Ox^{2-}] = 0{,}05\ \frac{mol}{L} \qquad \frac{0{,}05*37{,}02}{1000}\ [\frac{mol*ml}{ml}] = 0{,}0019\,\frac{mol}{Eluat}$$

(c) Reinheit berechnen.

0,0019 * $M_{Hydrat}$ = 0,239

0,2338g Hydrat mit 0,239g Ox

Reinheit ≈ 99,9%

(d) Gehalt berechnen.

0,0019 * $M_{Ox}$ = 0,171

0,2338g Hydrat mit 0,171g Ox
100g Hydrat mit 73,14g Ox
Gehalt = 73,14%